HISTOIRE

DE LA

MACHINE A COUDRE

PORTRAIT ET BIOGRAPHIE

DE

L'INVENTEUR

Barthélemy THIMONNIER

PAR

J. MEYSSIN

Professeur de Fabrique

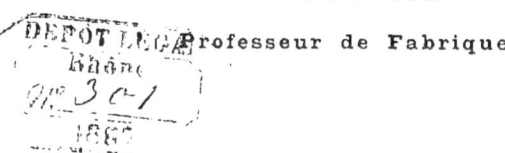

LYON

IMPRIMERIE DE REY ET SÉZANNE

RUE SAINT-CÔME, 2

—

1867

BARTHÉLEMY THIMONNIER

né à l'Arbresle, (Rhône) le 19 Août 1793

mort à Amplepuis, le 5 Août 1857

Inventeur de la première machine à coudre

HISTOIRE

DE LA

MACHINE A COUDRE

Le vêtement est, après le pain, le plus impérieux besoin de l'homme. Les trois grands termes de cette industrie, *la filature, le tissage, la couture*, ont toujours occupé des millions de bras.

Pendant de longs siècles, le fuseau et le rouet ont été les seuls outils de la fileuse. Jusqu'à nos jours, le tisserand s'est servi, dans des caves humides, de l'antique métier à tisser, de l'Inde et de la Chine. Avec ces instruments, le linge était un objet de luxe qui devait rester inaccessible au grand nombre, ou se produire avec des salaires insuffisants ; la fileuse gagnait 30 à 50 c. et le tisseur de coton 60 à 80 c. par jour.

Highs, Hargreaves, Arkwright le perruquier dont les Anglais ont fait un baronnet, trouvent le métier à filer, à l'aide duquel certaines usines produisent, en un jour, un fil assez long pour faire deux fois le tour du globe. Après, Vaucanson, Scharps, Roberts, Heilmann, Kœchlin inventent le métier mécanique qui tisse 25 mètres par jour. Longtemps encore la couture à la main sera le seul moyen d'employer les masses énormes de tissu que ces deux machines jettent à la consommation ; longtemps encore l'ouvrière usera sa santé et sa vue à ce lent et énervant travail de couture à la main, à raison de 25 à 30 points par minute, puis un jour la machine à coudre s'en charge et fait 800 points à la minute.

Naturellement notre époque, qui salue les noms des inventeurs de la machine à filer et du métier à tisser, demande celui du créateur de la machine à coudre. Longtemps on l'a ignoré.

Les travaux et recherches de la *Société des Sciences industrielles de Lyon*, établissent d'une manière irréfutable que la première machine à coudre, à fil continu, ayant fonctionné d'une manière régulière et pratique, a été inventée, en 1830, par le lyonnais Barthélemy Thimonnier, né à l'Arbresle (Rhône), en 1793.

Les Annales de cette Société publient les documents suivants.

SOCIÉTÉ DES SCIENCES INDUSTRIELLES DE LYON

MÉMOIRE

SUR LA DÉCOUVERTE

DE LA

MACHINE A COUDRE

Présenté à la Société dans la séance du 24 janvier 1866

par J. MEYSSIN, l'un de ses Membres

MESSIEURS,

Au milieu des grandes découvertes qui se sont succédé depuis un demi-siècle, il en est une d'apparence modeste, mais qui, par ses résultats immenses, doit appeler votre attention.

C'est la machine à coudre qui fonctionne aujourd'hui avec tant de régularité, et à laquelle il est réservé un si grand avenir ; elle a été inventée par un de nos compatriotes.

Les Américains y ont apporté de grands perfectionnements, mais la création ne leur appartient pas.

Nous pouvons revendiquer cet honneur pour un de nos concitoyens, pour un artisan lyonnais.

Barthélemy Thimonnier, fils d'un teinturier de Lyon, est né à l'Arbresle (Rhône), en 1793. Il fit dans sa jeunesse quelques études au séminaire de St-Jean ; elles furent interrompues, et Thimonnier apprit l'état de tailleur qu'il exerça à Amplepuis (Rhône), où sa famille était fixée depuis 1795.

Les fabriques de Tarare font exécuter beaucoup de broderies au crochet dans les montagnes du Lyonnais ; Thimonnier y trouva l'idée de la couture mécanique et combina un appareil destiné à remplacer la main de la brodeuse et applicable à sa profession, la couture des vêtements.

En 1825, Thimonnier habite St-Etienne (Loire), rue des Forges ; le tailleur d'habits ignore les premiers éléments de mécanique, il passe quatre années travaillant assez peu dans son atelier à sa profession qui donne le pain à sa famille, et beaucoup plus dans un pavillon isolé, à une occupation que tous ignorent. Il néglige ses affaires, se ruine, perd son crédit, se voit traité de fou ; peu lui importe. En 1829, il est maître de son idée, il a créé un nouvel outil, la machine à coudre. En 1830, il prend un brevet d'invention pour un appareil à coudre mécaniquement au point de chaînette.

A cette époque, M. Beaunier, inspecteur des mines de la Loire, étant à St-Etienne, eut l'occasion de voir fonctionner cet appareil. L'habile ingénieur soupçonna l'importance de la découverte, et mena Thimonnier à Paris. En 1831, la maison Germain, Petit et Cie, dans laquelle Thimonnier était directeur, établissait, rue de Sèvres, un atelier de 80 machines à coudre pour la confection des vêtements militaires.

A cette époque, loin d'accepter les machines comme d'utiles auxiliaires, les ouvriers n'y voyaient que de dangereux concurrents, et souvent l'émeute les brisait.

La machine Thimonnier eut le sort des autres, et l'inventeur fut obligé de fuir. L'émeute réprimée donna lieu à des condamnations. Quelques mois plus tard, la mort de M. Beaunier amenait la dissolution de la société. Thimonnier revint à Amplepuis en 1832.

En 1834, nouveau voyage à Paris; Thimonnier travaille à façon comme ouvrier tailleur, avec sa machine à coudre, en cherchant des perfectionnements.

En 1836, à bout de ressources, il reprend le chemin de son pays. Cette fois il revient à pied, sa machine sur le dos, et pour vivre en route il fait fonctionner son appareil comme objet de curiosité.

De retour à Amplepuis, Thimonnier construit des machines, et en vend quelques-unes dans les environs. Mais le nom seul de *couture mécanique* jetait une telle défaveur sur le système que personne ne voulut l'adopter.

En 1845 (un brevet le constate), la machine Thimonnier en était arrivée à faire 200 points à la minute.

A cette époque, l'inventeur s'associe avec M. A. Magnin, de Villefranche (Rhône). La nouvelle maison a son siége dans cette ville, elle fabrique des machines au prix de 50 francs la pièce.

Le 5 août 1848, conjointement avec M. J.-M. Magnin, nouveau brevet de perfectionnement. L'appareil s'appelle le *Couso-Brodeur*. Il peut faire des cordons, broder et coudre toutes sortes de tissus, depuis la mousseline jusqu'au drap, jusqu'au cuir. Il a obtenu maintenant la vitesse de 300 points à la minute. Une aiguille tournante permet de broder des ronds et festons sans tourner l'étoffe.

Le 9 février 1848, la maison prend une patente anglaise pour sa machine, construite dès lors en métal et avec précision.

La révolution de février 1848 arrête encore cette fois les projets d'exploitation; Thimonnier va en Angleterre où sa patente est cédée à une compagnie de Manchester; il n'y séjourne du reste que quelques mois et revient en France en 1849. Envoyée à l'exposition universelle de Londres en 1851, la machine à coudre Thimonnier reste, par une incroyable fatalité, entre les mains du correspondant, et n'arrive à l'exposition qu'après l'examen du jury. A la place qu'elle devait y occuper on enregistre les premiers essais de perfectionnements apportés à son appareil par les Américains, et les machines à 2 fils et à navette de Elias Howe.

Dès 1832, Thimonnier avait essayé ce dernier genre de machine, il s'en occupait encore en 1856. Mais tout était fini. Trente ans de luttes, de travail et de misère l'avaient épuisé. Thimonnier mourut malheureux à Amplepuis (Rhône), le 5 août 1857, à l'âge de 64 ans.

Nulle part, avant lui, on ne trouve trace de couture mécanique avec une seule aiguille et à fil continu.

En 1834, Walter Hunt, de New-York, construisait une machine à coudre à 2 fils sans résultats pratiques; tombée dans l'oubli, cette idée ne fut reprise qu'en 1846 par Elias Howe qui fit patenter une machine ayant les mêmes organes et mieux combinée. C'est la première qui ait fonctionné régulièrement et à fil continu après celle de Thimonnier; tous les essais précédents de couture mécanique se composaient de plusieurs aiguilles portant chacune une aiguillée de fil. Ces tentatives avaient été abandonnées comme impraticables. *(Rapport du jury de l'exposition universelle de Paris, 1855, page 392).*

Nous devons enfin invoquer comme argument décisif et irréfutable la liste des premiers brevets pris en France et à l'Etranger, pour la machine à coudre.

Thimonnier, français, 1830, 17 avril, 1 fil, 1 aiguille, point de chainette.
»   »   1845, 21 juillet, 1 fil, 1 aiguille, point de chainette, perfectionnement.
Elias Howe, américain, 1846, 10 septembre, 2 fils, aiguille et navette.
Thomas, anglais, 1846, 10 décembre, 2 fils, cession d'Elias Howe.
Thimonnier et Magnin, français, 1848, 5 août, 1 fil, perfectionnement pour coudre et broder.
Thimonnier et Magnin, français, 1848, 9 février, 1 fil, perfectionnement, patente anglaise.
Morey et Joseph, américains, 1849, 6 février, 1 fil, point de chainette.
Wheler et Wilson, américains, 1850, 12 novembre, 2 fils, aiguille et navette en disque circulaire.
Grover et Baker, américains, 1851, 12 février, 2 fils, 2 aiguilles, double point de chainette.
Charles-Judkins, anglais, 1852, 16 octobre, 2 fils, aiguille et navette.
Otis Avery, américain, 1852, 19 octobre, 2 fils, 2 aiguilles, double point de chainette.
Tompson, américain, 1853, 29 mars, 2 fils, aiguille et navette aimantée.
Seymour, » 1853, 29 mars, 2 fils, aiguille et navette.
Isaac Singer, » 1854, 21 février, 1 fil, point de chainette.
Journaux-Leblond, français, 1854, 29 avril, 2 fils, 2 aiguilles, double point de chainette.
J.-M. Magnin, français, 1844, 5 juillet, 1 fil, couture et broderie, perfectionnement.
Siegl de Paris, français, 1854, 31 août, 2 fils, aiguille et navette.
Leduc de Troyes, français, 1854,   3 fils, 2 aiguilles et 1 navette en forme de croissant.

La machine Thimonnier a servi évidemment de type à toutes les machines à coudre modernes. (Rapport du jury de l'exposition universelle de Paris, 1855, page 392).

Cette déclaration juge la question et nous dispense d'insister.

Le jury la complétait en accordant une médaille de première classe au *Couso-Brodeur* perfectionné par M. J.-M. Magnin, son collaborateur.

La machine primitive de Thimonnier laissait à désirer; construite en bois, elle était mise en mouvement par une corde à transmission directe, chaque oscillation ne produisait qu'un seul point, ce qui était bien loin des 800 à 1000 points à la minute qu'on obtient avec les machines actuelles.

Faut-il redire les services que rend déjà ce merveilleux instrument, son application qui va du vêtement à la chaussure, la chapellerie, sellerie, article de voyages, etc. De nombreuses manufactures en France et en Amérique construisent la machine à coudre par milliers et la répandent sur toutes les parties du globe. On peut prévoir l'époque où cet appareil fabriqué dans les conditions de bon marché, qu'atteignent aujourd'hui les montres et les pendules, aura sa place marquée dans chaque famille. On peut calculer l'heure où ce lent, pénible et énervant travail de la couture à la main ne sera pratiqué que pour les travaux de reprise, raccordement, ajustage, etc. La machine aura pris pour son compte ces longues heures où l'ouvrière use sa vue, sa santé, son existence...... Et ce grand résultat obtenu, il faut qu'on sache à qui on le devra. Notre tâche à nous, Messieurs, est d'en réclamer l'honneur pour notre compatriote Barthélemy Thimonnier.

Il faut aussi qu'on se souvienne qu'à l'heure où nous écrivons ces lignes, Thimonnier, mort à la peine, laisse une veuve, triste compagne de cette existence misérable et agitée d'inventeur; que cette femme malheureuse, âgée, infirme, gagne 30 centimes par jour à dévider du coton; que ses quatre enfants, ouvriers de professions diverses, vivent de salaire; enfin, que sa veuve et ses fils ont droit à l'héritage précieux de leur père, le seul, hélas! que vous puissiez revendiquer pour eux, l'honneur d'être les fils du véritable inventeur de la machine à coudre.

J. MEYSSIN,

Professeur de fabrique.

RAPPORT

SUR LA

REVENDICATION DE PRIORITÉ

DE

L'INVENTION DE LA MACHINE A COUDRE

AU PROFIT DE FEU THIMONNIER (BARTHÉLEMY)

Tailleur, d'Amplepuis (Rhône)

PAR M. J. FEUILLAT

Présenté à la Société dans la séance du 7 février 1866

La Commission réunie après examen détaillé des pièces fournies par M. Meyssin, et des recherches faites dans les catalogues de brevets français ou étrangers, a reconnu :

En ce qui concerne les actes authentiques :

1° Qu'à la date du 2 mars 1829, il est intervenu entre le sieur Thimonnier, tailleur, en ce moment à St-Etienne (Loire), et le sieur Ferrand, répétiteur à l'Ecole des Mines, un acte sous-seing privé constatant que le sieur Thimonnier est inventeur d'un métier à coudre et qu'il s'adjoint pour la partie financière le sieur Ferrand, à des conditions déterminées audit acte, notamment, à cette condition, qu'un brevet de la machine sera demandé au nom des deux contractants ;

2° Qu'en suite de cette convention il a été demandé le 17 avril 1830 et délivré le 17 juillet de la même année, par le Ministre de l'agriculture et du commerce, un brevet d'invention pour quinze années aux sieurs Thimonnier et Ferrand, pour *un métier propre à la confection des coutures dites à points de chaînettes. (Catalogue officiel des brevets français, t. 1er, page 498, et collection des brevets, t. 58)* ;

3° Qu'un acte d'association est intervenu entre Thimonnier et Ferrand, Germain Petit et Cie, Fould et Fould Oppenhein et autres, le 8 juin 1830, pour la mise en exploitation dudit brevet ;

4° Qu'à la date du 11 juillet ledit acte de société a été modifié par les parties, surtout en ce qui concerne le mode d'exploitation que l'on se propose d'opérer à l'avenir par entreprise de coutures au lieu de vente des machines qui étaient en bois ;

5° Que le sieur Thimonnier, alors associé à M. Magnin, avocat, a fait construire des machines perfectionnées en métal, exécutées avec précision, et qu'ils ont, le 5 août 1848, pris, au nom de Thimonnier et Magnin, un nouveau brevet de 15 ans, délivré le 9 septembre de la même année, par le ministre de l'agriculture et du commerce, sous le n° 7461, pour *Machine à coudre, broder et faire les cordons*, pour laquelle ils avaient déjà pris une patente anglaise du 9 février 1848. (N° 12060, *catalogue officiel des brevets, anno 1848, page 38, et collection des brevets, t. 14, p. 71.*) (*et abridgements of the spécifications relating to sewing and embroidering, p. 9*).

En ce qui concerne la publicité :

1° Un article du journal de Villefranche, n° 211, 31 août 1845;

2° Un article de feu Jobard, directeur du musée de l'industrie Belge, inséré dans le *Progrès international*, 19 avril 1858 ;

3° Un prospectus analytique des machines à coudre et le rapport du jury de l'exposition de 1855 ; que tous revendiquent énergiquement la priorité de l'invention des machines à coudre en faveur de Thimonnier.

Après avoir fait des recherches dans les documents authentiques, d'abord dans le catalogue des brevets français, où aucune machine à coudre n'a été brevetée avant celle de Thimonnier.

Ensuite dans le catalogue des patentes anglaises, où il n'existe, avant la date du brevet Thimonnier, que six patentes ayant toutes pour but la broderie avec un grand nombre d'aiguilles à 2 pointes avec un fil par aiguillée.

La Commission est d'avis que l'invention de la machine à coudre, à une seule aiguille et fil continu, doit être attribuée à feu Thimonnier (Barthélemy), tailleur d'Amplepuis (Rhône), mort pauvre et inconnu, après avoir, par la création de sa machine, donné naissance à l'une des plus grandes industries actuelles.

Commissaires : MM. Piaton, président, Mathevon, Poncin, Eymard, Mathieu, Meyssin, Moyret, Feuillat.

J. FEUILLAT, Ingénieur civil,
Rapporteur.

En publiant dans ses Annales les deux rapports précédents et le dessin de la machine donnée à ses collections par la famille Thimonnier, la *Société des Sciences industrielles de Lyon* a établi, d'une manière incontestable, les droits de priorité du pauvre et modeste inventeur.

Là se bornait son droit d'initiative ; mais il y avait autre chose à faire, il fallait appeler la bienveillante attention de l'autorité sur la veuve et la famille de Barthélemy Thimonnier. Dans ce but, les Membres de l'association ont adressé, le 2 mai 1866, à Monsieur le Sénateur, Préfet du Rhône, la pétition suivante :

A Monsieur le Sénateur, Préfet du Rhône.

Monsieur,

Les soussignés viennent réclamer votre concours et votre appui.

Il s'agit pour eux de revendiquer, au nom de notre pays, l'honneur d'une des plus grandes inventions modernes : la machine à coudre.

Souvent chez nous on dédaigne ce qui fait le légitime orgueil des autres nations.

Notre civilisation a pour instrument une foule d'inventions récentes, presque toutes pourraient être signées d'un nom français, presque toutes cependant nous reviennent sous le cachet d'origine étrangère; c'est injuste, c'est peut être inhabile.

Pour le grand nombre, la machine à coudre s'appelle *Américaine*, et cependant les travaux de la *Société des Sciences Industrielles*, que nous vous adressons avec ces lignes, établissent, d'une manière irrécusable, que la première machine à coudre, à fil continu, fonctionnant d'une manière régulière et pratique, est l'œuvre de Barthélemy Thimonnier, ouvrier tailleur d'habits, né à l'Arbresle (Rhône). Les titres authentiques à l'appui portent les dates de 1829 et 1830.

Qu'une large part soit faite dans l'histoire de la machine à coudre à ceux qui successivement l'ont portée à un degré actuel de perfectionnement, c'est justice ; mais à cette condition seulement qu'il sera reconnu et proclamé que notre compatriote, Barthélemy Thimonnier, est le premier qui ait cousu mécaniquement des étoffes à l'aide d'une machine de son invention, avec aiguille et fil continu.

C'est un rude métier que celui des inventeurs. Trop souvent pour eux l'antique légende de Prométhée devient une loi fatale............ Thimonnier l'a subie........

Le travail que nous mettons sous vos yeux, dit les longues et douloureuses péripéties, les luttes sans fin de sa vie entière ; il est mort misérable, le 5 août 1857.

Ses enfants sont aujourd'hui ouvriers de professions diverses ; sa veuve, âgée, infirme et sans ressources, gagne 30 centimes par jour en dévidant du coton à Amplepuis.

En revendiquant l'héritage industriel de Thimonnier, nous n'avons jamais eu la pensée d'en répudier les charges ; nous vous demanderions aujourd'hui l'autorisation de faire, en faveur de la malheureuse veuve, un appel à nos concitoyens ; une considération nous arrête ; d'autres avant nous et au-dessus de nous ont le droit d'y pourvoir : c'est le pays, le département, la cité........

Thimonnier était Français ; il est né à l'Arbresle, il a habité Lyon et Amplepuis (Rhône). Il y a, selon nous, à revendiquer pour Lyon une invention qui nous honore, et à secourir la veuve du malheureux inventeur, deux bonnes actions qu'il suffit de vous signaler pour en assurer le succès.

Nous sommes, Monsieur le Sénateur, vos respectueux et dévoués administrés.

(*Suivent les signatures.*)

La réponse ne s'est pas fait attendre. Sur la proposition de Monsieur le Sénateur, Préfet du Rhône, Monsieur le Ministre de l'Agriculture, du Commerce et des Travaux publics, prenant en considération les services rendus à l'industrie par Barthélemy Thimonnier, a accordé à sa veuve un secours de six cents francs, le 8 juin 1866. L'opinion publique a applaudi à cet acte de bienfaisante justice ; elle espère le voir complété, et recommande à la sollicitude de Sa Majesté l'Empereur la veuve de Thimonnier, afin que ses derniers jours soient à l'abri de la misère, seul héritage que lui ait laissé son mari.

Lyon, 1867.

J. MEYSSIN.

MACHINE A COUDRE THIMONNIER

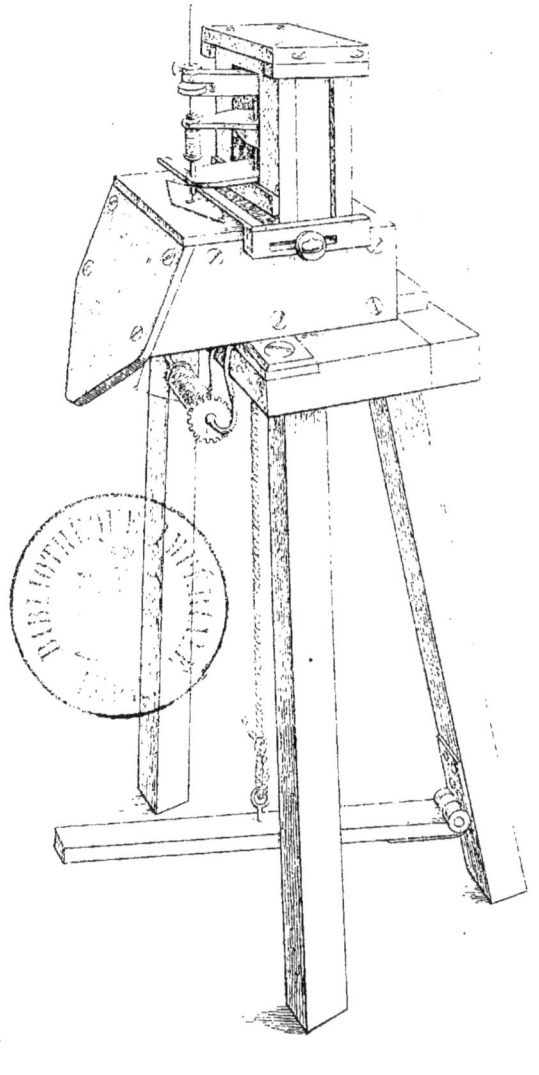

HISTORY
OF THE
SEWING MACHINE

PICTURE AND BIOGRAPHY

OF

THE INVENTOR

BARTHOLOMEN THIMONNIER

BY

J. MEYSSIN

LYON
IMPRIMERIE DE REY ET SÉZANNE
Rue Saint-Côme, 2

1867

www.ingramcontent.com/pod-product-compliance
Lightning Source LLC
Chambersburg PA
CBHW070537050426
42451CB00013B/3058